一位日本素料理的社區推廣教師——王俊欽

一九七〇年　嘉義人
出身日本懷石料理 學習正統京都料理
健康素食教學為職志 發願利益眾生

師承
日本天皇御派料理主廚 太田嘉章

歷經
日本懷石料理行政主廚
農糧署推廣有機食材烹飪課程指導

現任
日本蔬食料理指導老師
社教班及社區大學日本蔬食授課老師

王俊欽
全生啟
素活發

素 的原味

舌頭上的味覺影響著我們對吃的滿足感與幸福感：

一條蘿蔔有兩段味道，一塊鹽滷豆腐咬一口化在嘴裡所散發出的多重味道與豆香味……

味蕾感受到了嗎？

什麼是五味？並非只是每道菜用很多調味料所呈現的單一酸、甜、苦、辣、鹹。

我的料理要強調的是食物原味，食物本身就有它存在的味道，在料理過程應該將食物原本存在的味道當成主味再搭配簡單的調味，料理後所呈現出來的才稱得上是「料

理」，並不是將所有的調味料加入所有的食材，而完成的一道菜色。這是讀者在烹煮食物，值得思考和調整的事。

酸、甜、苦、辣、鹹，影響著我們的飲食情緒、影響著我們對食物選擇的感觀、影響著我們的味蕾與健康、影響著我們的滿足感……

我的料理不會有複雜的調味料，都是以當季的新鮮食材為主加入簡單的調味，這也是本書要傳達的健康飲食觀之一。

很多從葷食轉為素食的學員與我分享，他們最常問，為什麼在他們的餐桌素食菜色上，如果沒有用素料，感覺總是少一味？後來，我就在課堂上分享我的「日本素料理」，在這裡我多了一味，我將它稱為「第六味」。

什麼是第六味？我又將它稱為鮮味。在葷食裡有很多人自稱的鮮味，例如：柴魚精、雞精粉、鮮味精，或魚類、蝦類。而我的素料理領域裡也有天然的鮮味喔！在哪兒？海底的植物、新鮮的番茄、雪蓮子，或其他的種子裡都找得到。本書裡的「蔬食百匯素高湯」、「昆布素高湯」就是天然的鮮味高湯。

從葷食到素食，我開始研究如何將葷食料理的手法轉化成素食

料理？如何用懷石料理烹煮手法呈現素食？

　　要手法一樣、要味道不變，真是一門很大的學問。經過一番思考，我領悟中式素食的口味其實是葷食口味的轉換，而日本素料理就是把蔬菜的原味提出來，再加上簡單的調味，但必須排除加工過的素料、醬油膏、素沙茶、香油、豆瓣醬，以及香菇素蠔油等。有深厚日本料理底子的我，將蔬菜的滋味提出來，運用簡單的鹽、醋、味霖、醬油等，做多樣有變化的菜色，雖不是很容易，但我的用心、我的專業，讓不可能到可能，且淋漓盡致。

　　簡單均衡營養的日本素料理而不失變化，是我最大的心願。從廚房到教室上課的因緣，我希望我的家人、我的學生、我的師長和朋友能接受均衡營養的健康素食，並將健康素食新觀念帶入每個家庭廚房及餐桌上。

日本懷石料理
烹煮手法

+

無毒的料理方式

+

新鮮當季的食材

◎本書所使用的計量工具

家庭用量米杯　150ml
量匙：大匙 20ml ／ 小匙 10ml（1ml=1c.c.）

◎本書每道料理食材分量約 4 人分

蔬食行 菩薩心

佛光山 心定和尚

　　素食，在講究養生，以及環保的意識形態下，已經形成一種時尚。

　　社會上各行各業都有，除了隨著時代潮流而經營某種行業之外，大部分都跟他／她個人前生的習氣有關聯。而今生有些人會改變個性或改變行業，有些是個人發生一件重大事故，或親人突然往生，有些人則是善根因緣成熟。例如，以殺生為業的，後來覺得罪惡感，而改變行業；經營以魚肉為主的餐廳老闆，毅然改為素食餐廳，雖不能賺很多錢，但心安理得。有些廚師也是如此，從每天切魚切肉的，而突然改變研究素食料理了。王俊欽居士就是這種善根成熟改為研究日本素料理的典型例子。王居士長相善良，個性

溫和，實在不適合每天切生魚的生活。

　　王居士原來曾是日本料理的專業廚師，多年前因為同修妻子及孩子的因緣，而放棄一般人眼中賺大錢的大好前程，改而研究起當時尚未普及的「日本素料理」。研發有成後，更進一步廣為教學，讓更多人體會素食的美好。

　　過去的人一提到「呷菜」（吃素），既定印象，不是重油重鹹，無論什麼食材，煮出來都一樣烏漆抹黑，就是過於簡單、營養不均衡的醃製物，進而誤解持慈悲素的出家人都在「呷苦菜」。感謝近二十年來，無論是宗教界、飲食界、養生界的努力研發、推廣，如今的素食、蔬食，已經扭轉了形象，誠為可喜。

　　提起素食，家師星雲大師數十年前曾率先提倡「素齋談禪」，以自然食材精心烹調的素食，接引社會人士，在輕鬆用餐的氣氛中，品味佛門菜根香，藉以談法論道，讓普羅大眾能藉由美味的素食而慢慢認識佛教、親近佛教；一時之間，多少文人雅士逐步踏入佛堂，可以見得，素食乃接引眾生的重要法門。

　　而素食對於慈悲心的長養，從黃庭堅的一首〈戒殺詩〉：「我肉眾生肉，名殊體不殊；原同一種性，只是別形軀。」可從中得知，不僅道盡佛教輪迴的實相，更讓人無限唏噓。難能可貴的，王居士不戀棧既得的高酬勞，寧願花大把時間、金錢，埋首鑽研素菜，多

佛光山 心定

少生靈因他的一念發心,而免受刀下苦,正是所謂的「放下屠刀」。他發願發心推己及人,多年來擔任烹飪老師,推廣素食不遺餘力,如同《普門品》所言:「應以何身得度,即現何身而為說法。」如此願行,堪可謂菩薩心。相信王居士前生前世也是善根深厚的人。

諸法因緣生滅,發其心必得如是善果,王俊欽居士的一念初發心,必感召不可思議善因好緣,但願見聞者皆能獲得其利,以此序文,祝福王居士及世間有緣人,能以素食結善緣,天天快樂、六時平安吉祥!

善緣殊勝的素料理

覺具／佛光山開山寮當家

　　與王老師相識的因緣，非常的奇妙不可思議，平時看到陌生人主動加我為 line 好友時，我通常都是拒絕對方，那一天收到王俊欽老師的 line 好友邀請時（當時他未標示自己的本名，而是用英文名字），當時我與他素未相識，卻不知為何？我竟積極加他為好友，甚至主動打招呼、問候。

　　王老師收到我的回應，即自我介紹自己的專攻的是素食日本料理，我一聽大為驚喜，沒想到自己偶然之舉，竟讓我結識了一位素食老師，而且還專研日本料理，頓時令我甚為感動與歡喜。

　　就在第一次與王老師在 line 上的交談中，當我得知他的專業後，忍不住詢問：「怎麼

不考慮出一本素食食譜書?」王老師的回答竟是:我也正在找適合的出版社……。我一聽二話不說,就把他引薦給香海文化執行長妙蘊法師,沒想到接到訊息的執行長回覆:「你怎麼知道我們香海近期想再推出一本食譜書?正想有沒有緣認識做日本素料理的老師……沒想到你就介紹了王俊欽老師,真是太好了。」就這樣,現前一段西來意,在一切因緣和合之下,促成了這樁美事。

我身邊有很多素食專業的朋友,我們之間惺惺相惜,有人說「同行相忌」,其實不然。我所認識的一些從事素食產業的朋友們,都非常慷慨大方,對於自己的料理從不藏私,也樂於分享,而我有幸與王老師結緣,更讓我覺得冥冥之中,善緣殊勝。

記得小時候,我第一次吃到的日本料理,就是「日式炸物」,留下很深的印象,對於日本料理能把所有食材的原味都保留下來,讓人可以細細品嘗食材本身天然的甜味,感覺非常好。如果想增加風味,也可以沾上用昆布熬煮好的醬汁,搭配白蘿蔔泥,平衡了炸物的油膩與燥熱,非常完美。相較之下,台灣傳統的炸物,大都喜歡在粉漿裡調味,所以吃到口中的食材,其實都混合了許多調味粉。雖是許多人的最愛,卻也失真了許多。

回想起三十多年前素食還不普及,當時吃素的我,想要學習素食料理,沒有人教,只能花錢去餐館,吃過後回家自己推敲、研究,

覺具／佛光山開山寮當家

一再重複試做。感謝時代在進步，思想也在改變，更多的人能與大眾分享自己的技術，所謂與人為善，從善如流。每見有人出素食食譜，我總是隨喜讚歎，感謝大家推廣素食，讓更多吃素的人，吃得歡喜、吃得健康。尤其在品嘗過王老師的料理美食，感覺非常輕鬆沒有負擔，在時下加工食品過度的現代社會中，是非常值得推薦的一本好書。

日本料理，這在素食這一行並不多見。還記得過去到日本的經驗，在日本要找到素食吃並不容易，因為日本人覺得少了柴魚，就不知道怎麼熬煮高湯？認識王老師以後好開心，原來日本料理的元素這麼簡單，只要用對食材，素食依舊可以創作出美食來。王俊欽老師的《自慢 日本素料理》，把平常市場上唾手易得的食材，按其生產的時節，做出各種變化的料理搭配，我非常期待看到這本書問世。

慧屏／佛光山義工會會長

醍醐法味
溫暖人間

宋朝周敦頤在《通書‧文辭》中寫道：「文所以載道也。」

意思是文字、文章，是用於傳達思想、道理。

事實上我認為，萬事萬物皆可以載道也，素食烹調亦然。

與王老師的初次相遇，

是在二〇一六年十一月，正為佛光山萬緣水陸法會忙得翻天覆地的廚房中。

因為星雲大師曾經慎重地囑付過要關照並感謝所有來山服務的義工，

所以我利用零碎的空檔時間，特別到處走走。

尤其是各種苦行單的義工服務單位，

像大寮（廚房）這種水裡來火裡去的處所，

當然是必到之地。

雖說是走走看看，實際上是前往向諸大菩薩致意。

當時在一群穿著佛光會工作服、義工服或是穿著圍兜的老菩薩中

驚見一位穿著專業廚師服，

頂著廚師帽的年輕義工（嗯……精準的說應該是相對年輕！哈！），

那就是王俊欽老師了，幾句寒暄感謝之後

竟從此結下了這份奇妙的因緣。

當時我想，即使做義工，

在服裝上依然能如此慎重其事，

就是對於本身職業尊重的展現；

懂得尊重自身職業的人，

想必在自己的專業領域上，

比別人多出一份用心及付出，也更肯得下工夫。

我不是一個懂得吃的人，

當然更不用提烹煮了。

但是，

家師星雲大師曾經說過：

慧屏／佛光山義工會會長

「做素食要簡單，保持原味，不要花太多時間，而且刀功、火功、配料、調味都不可忽視。除此，擁有一顆供養心，讓大家吃得歡喜更是重要。」
對於素食烹調，提出相當精要的闡述。

一位好的廚師，
並非僅是有著各種讓人眼花撩亂的特技，
或是運用各種調味料覆蓋於食物之上。

而是於各個時節中，
對大地所賦予我們的各類食材能清楚了解，
依其各自的獨特性，
簡單的給予適當的烹調、提點，
顯發食材本身獨具的風味，
如同喚醒我們每個人本自俱足的佛性一般。

除此之外，
更要懂得透過烹煮調理的技巧，
讓每種獨特食材在同一道菜中，
相互不可或缺，甚至融和彼此。

若讓每道菜與每道菜之間，

也搭配得宜，鹹淡有致。

有此功夫，必然是一流頂級的廚師。

因為能耐得住辛苦，

只為了讓品嘗者在食物入口的瞬間，能升起大歡喜，

那必定具備相當的供養心。

我在跟王老師的言談之間，

就感受到他便是具有這樣特質與性格的人。

記得今年農曆春節時，

我們在路邊又相遇了，

從健康談到食材，又從食材談到烹煮，更從烹煮談到佛法……

就這樣站在路邊談了快一小時。

知道王老師勤於講學，

我更期待王老師在廚藝上的精進外，

對佛教能有更深入的了解，

從他的專長上去發現、去體證。

如此，

老師在推廣素食的路上，

慧屏／佛光山義工會會長

不僅是健康的宣講員，
更是人間佛教的弘法者。

因為端出一盤好菜的過程，
蘊含了無限的佛法，
它訴說著因緣、尊重、慈悲、包容、精進、
忍耐、歡喜⋯⋯

吃下一口用心烹調的好菜，
不只暖胃、暖心，
當能夠吃出醍醐法味，
更能夠溫暖人間。

我無法如家師星雲大師
發心做個好廚子，
以美味的食物供養十方大眾，
更把自己的「心」煮來給大家吃。
也不如王老師有著精湛的廚藝，
讓食材特性毫不浪費並發揮得淋漓盡致。

看來，我只能發心吃了（笑～），

但是我發心好好的品嘗每道得來不易的料理，
吃出食物中的三德六味，也算聊表心意吧！

僅能以拙筆記錄些體認與想法，
以此供養大眾。

是為序。

幸福與滿足

李阿利／慈濟彰化靜思堂學習中心總召

來到王俊欽老師的日本素料理課堂是一種幸福，回家做料理家人品嘗後都很滿足！

王老師要出書了，哇！歡喜將會有許多沒有機會上到老師課的人，也可以像我們一樣幸福又滿足。

在慈濟彰化靜思堂有一個快樂學習的園地——彰化終身學習活動中心。我們每學期皆有許許多多的學習者來到這裡上課學習。學員一路快樂學習、啟發善念、生活有智慧，並且把快樂、慈悲、善念帶回家與家人、朋友分享。我常常忙碌地在全省尋找好老師，可以來彰化授課，當聽說嘉義有位曾到日本學習正統懷石料理的料理長，現在從事素食料理教學，上課非常精采。就這樣一個念頭，

我鍥而不捨終於與王老師聯絡上了，我很誠心地向他說明慈濟證嚴上人的「素食救地球」理念，以及慈濟一直在推廣素食，希望家庭主婦人人可以在家簡單料理作美味素食。

老師想了一下說：路途實在遙遠……，但經過我誠意邀約，希望老師能來參訪彰化靜思堂。王老師終於來了！當他說著年輕時一路北上學手藝，以及被公司推選至日本拜師學藝的完整訓練過程，後來顧及家人的健康因素，毅然決然完全轉變為素食料理，我更加感動與心動。

如此好的老師一定要邀請到彰化分會來授課，我必定第一個報名。王老師終於來授課，上課後我才真正明白將食物原本存在的味道當成主味，再搭配簡單的調味，料理後所呈現出來的才稱得上是「料理」，我終於領悟到什麼是人間美味！王老師的料理教學簡單易學，人人可學做素料理，照顧家人的飲食健康，廚房不再油油黏膩，好清理。

王老師的第一本書出版了，祝福所有的讀者皆幸福與滿足！

素食是真愛的表現

洪美香／知音合心

因為疼愛下一代，就要留更多的資源給孩子們，素食是最直接的回饋，也是最環保的表現。幸福與健康，不必二選一，素食能讓我們既健康又幸福。

感恩王俊欽老師的健康理念，讓不諳廚房料理的我們，往往有豁然而開的體悟。原來，蔬食只要用感恩尊重食材的心，明白當今季節食材及其特性營養，以單純的原味，加上少許的變化，自能撞擊出美味的料理；同時能獲得養分補足身體的能量，又不失慈悲的本懷，實在應好好推動「廚房遇見健康」的親身料理。

知音合心

• 「現在時序進入秋季,可以多吃些白色的食材來養肺,如山藥、白木耳等」王老師總不忘在課堂中提醒可多利用當季食材來做菜……而蔬果是酵素的來源要多吃,身體要好就是要陰陽調和。——梁毓真(學員)

• 「要記得吃下的每一口食物,都要有知的權力,身體是自己的,千萬不要把你的健康交給別人。」家人的健康,是掌握在我手裡。上過王老師的課,讓我對素食的認知,有更深一層的領悟。——傅麗琴(學員)

• 學煮料理還可以食用到頂級的食材,真是很幸福。在得與捨之間,王老師選擇了捨,捨得給我們最好最棒的食材。他推廣素食料理讓大家可以吃得更健康,他愛大地護眾生的慈悲心如佛菩薩般著實令人感動。——孫萱涓(學員)

自慢的料理
我從葷食到素食

　　二十五年前,我從包壽司開始學習,在備料中獲得很大的成就感。在民國八十四年,進入台灣第一家懷石料理餐廳,開始學習道地的日本料理。

　　在懷石餐廳裡工作,感受到日本正統廚師散發出來對烹煮的專業與執著;我大開眼界……原來日本料理這麼豐富,因此決定全心投入。

　　從入門的水台(前菜)開始學習食材的前置作業,再進入炸台、烤台……到最後的煮台。此時已是能獨當一面的正統廚師,並接任行政工作,之後陸續赴日短期深造。在這近二十年的學習之路,備極艱辛,由於我

對食物與料理的熱忱與堅持，今日得以具有專業的料理技術。

「尊重食材」是我對日本料理最大的感動。在料理過程，將食材處理到最佳狀態，珍惜食材，善加利用食材的每一部分，絕不輕易浪費。這樣的理念在我投入日本素料理時，徹底實踐，一般將被丟入垃圾桶的，如粗糙的莖或去掉的皮、根、葉子都可以再利用而成為美味的高湯，或是可口的炒食。

為什麼當時還沒辦法接受全素的飲食？原因是經常看見茹素的同修淑惠，她的飲食總是乾麵加滷海帶、豆乾、葉菜類的燙青菜，她也常為此掉淚：心想為什麼我吃素只能吃這些……？那時我告訴同修，長期這樣吃會營養不良，對身體的健康會有影響，當時的我也因此無法接受素食。

真正從葷食走進素食領域的主因是，我的同修懷第二胎時，每每葷食入口即感不適，甚至無法進食，若素食，就無此現象。孩子出生後，若以葷食餵食，孩子就會嘔吐不舒服，若改以素食，一切就都改善。因此我開始思考是否與同修一起茹素？但我畢竟是日本料理的正統廚師，習慣大魚大肉、山珍海味，一時要改變並不容易。舉棋不定之間，我拿起過往設計的菜單照片仔細看、認真思考，發現原來我的料理竟大部分是蔬菜料理，也保有部分日本精進料理。

同修看我在葷素之間掙扎、為難不已……有一天她的一句話：「你一天到晚在吃眾生肉，你的肉要不要給人吃啊！」一句不經意的話有如當頭棒喝，從此我跟著她茹素也慢慢影響了兩個孩子；因為全家茹素必須自己下廚，也因此開啟了我的日本素料理教學之路。

今日，我和一群相同理念，用心守護家人健康的婆婆媽媽們，相遇在「日本素料理」的健康課程。他們走進廚房，親自料理，掌握的是食物的天然滋味與甜美，更重要的是食物的安全性，全家人的健康都掌握在自己手中。

食物可以吃得飽、可以吃得健康、可以吃得營養、可以滋養身體，但請讀者認真省思我們吃下了什麼？是食物還是食品？希望這本《自慢 日本素料理》對於想要開始學習素食飲食者，或是對吃素有疑問的朋友有很多的助益。

回想當初在葷素之間猶豫不決時，無意間翻開《八十八佛洪名寶懺》，映入眼簾的一段經文：「若自作，若教他作，見作隨喜……」當下有了更堅定與明確的方向，法輪未轉，食輪先轉，用味覺把法傳出去，在烹煮間，體悟佛法。

感謝
教學的助緣，我要感謝李阿利、洪美香、李日美、江文宏、江焕珠，以及我所有學生和朋友。
書籍出版的助緣，我更要感謝佛光山開山寮當家覺具法師、香海文化執行長妙蘊法師、多次南下與我溝通討論的主編賴瀅如、美術設計林紫婕等香海團隊，還有默默支持我的家人親友。

目次

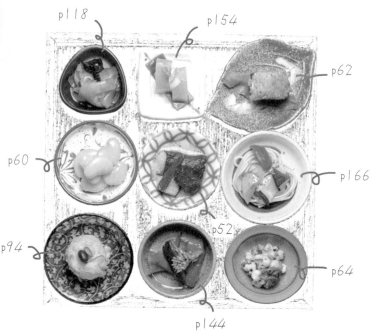

不可不知的健康
素食觀

　　我發現在台灣有很多所謂的「素食」，其實並不正確。如果吃錯「素」，那麼這個「素」對身體所造成的傷害，將不亞於葷食。依我的經驗總結出台灣素食的十大錯誤。

第一個錯誤：太油

　　很多店家在烹煮素食，因為擔心客人吃過素食很容易餓，不自主多加幾滴油。事實上素食容易餓的原因是身體對這些食物的吸收、排泄、消化都非常順暢，所以很快有飽足感，又很快有飢餓感，也就是說攝入的食物不會成為身體的負擔，所以很快消化了。

　　很多人的脾胃不好，消化系統也跟著一踏糊塗。歸究起來有兩個原因，第一是吃的

食物不易消化（例如：魚、蝦、肉……）；第二是所吃的食物裡主食太少，也就是攝取太少的糙米、小米、紅米、燕麥等五穀類食物。

烹煮時使用水煮、清蒸、汆燙、慢燉……，才能把食物的營養保存住；一旦使用高溫油炒，食物本身受到傷害，營養也就減少了。

雜糧是全穀物的總稱，雜糧保留了糠層、麩皮、胚乳，是人體重要碳水化合物的來源；含有豐富的礦物質、纖維質，有助提高免疫力及維持健康的能量。

我常使用的雜糧（全穀）：

燕麥、黑麥、紅麥、蕎麥、黑藜麥、紅藜麥、白藜麥、大麥、薏仁、莧籽、野米。

第二個錯誤：蛋白質攝取量不足

如果蛋白質不足時，身體組織器官就沒辦法修復。如果攝取的蛋白質超過身體所需的兩倍以上，不但不會對身體有益，反而造成傷害，導致細胞病變。

素食者平常大量食用豆類製品，所攝取的蛋白質是經過加工，而且添加乳化劑，這樣並不能攝取到優質的蛋白質。最好能食用真正優質的全豆。例如黃豆、白扁豆、紅豆、綠豆、黑豆等，營養才會均衡。

而在堅果類除了有優質的蛋白質外，並含有非常好及豐富的亞麻油酸等非飽和脂肪酸，它不但不會製造壞的膽固醇，還會降低體內壞膽固醇，提高好膽固醇的含量，對身體的幫助很大。

種子和堅果是培育下一代的生命力，具有強大的能量，含有大量的鈣、鐵質、維生素 E、維生素 B 群、OMEGA-3、脂肪酸、硒、鋅、鎂等微量元素。可增強免疫力、強化心血管、預防大腦退化。烹煮前需浸泡能去除植酸，能增加礦物質的吸收。和雜糧一樣在烹煮時加入少許岩鹽對腎臟有益。

我常使用的種子：紅豆、綠豆、黃豆、黑豆、毛豆、蓮子、栗子、青豆仁、皇帝豆、虎豆、五彩扁豆、雪蓮子（鷹嘴豆）、花生。

我常使用的堅果：松子、胡桃、葵花籽、南瓜籽、腰果、芝麻、南杏仁、榛果、夏威夷豆、杏仁果。

第三個錯誤：素料太多

我發現素食料理常使用了大量的素料，素料如果要長時間保存，沒有加入食物添加劑，如色素、香精、安定劑、黏稠劑等，怎麼可能長時間保存。切勿將添加物的美味當成好味。很多素料的鈉含量都相當高。鈉高鉀低，細胞很容易癌化，千萬要慎選素料，不要因素料中添加的人工甘味劑、防腐劑、膨鬆劑，而造成身體的負擔。

第四個錯誤：調味料太重

調味料用得愈多，就無法品嘗到食物的原味。多糖不只影響身體代謝，增加胰臟的負擔，增加血液裡的膽固醇，血濃度也會增高。多鹽也是個大問題。如果一定要加，少量就好。如果覺得淡然無味，以目前環境嚴重的汙染，我個人比較建議使用岩鹽或天然海鹽，但還是謹守少量。

我料理時最常使用的六種調味：
岩鹽、味噌、味霖、天然醋、醬油（薄口醬油、濃口醬油）、糖

調味料使用愈天然愈簡單愈好：

天然發酵的醬油（未添加鹽酸）、天然釀造味霖（未添加果糖和檸檬酸）、天然岩鹽和海鹽（未添加凝固防止劑）、優質天然油品、天然醋（未添加亞流酸氫鉀）、純甘蔗製成的糖、非基因改造大豆製成的味噌、山葵、天然辛香料、新鮮香草、薑黃、黑胡椒、白胡椒、七味粉、烘乾的番茄乾。

烹煮日本料理時，加入調味料的方式依序是味霖、醬油。當感覺味道不夠時，先加入岩鹽或味噌，如需要甜一點就加砂糖，等熄火再加天然醋。辛香料待最後擺盤完畢再加入。

第五個錯誤：熟食太多

在八種「必須胺基酸」當中，有兩種只要一遇到高熱，就馬上會被破壞。我們吃下的那麼多熟食，蛋白質雖很多，可是有兩種「必須胺基酸」已經完全被破壞掉，沒有這兩種「必須胺基酸」，另外的六種也不能形成其他十四種胺基酸被身體所利用，因而我們吃下去的許多蛋白質，反倒對身體形成負擔。

我建議儘可能把生食的比例提高到30％。因為生食裡有足夠的食物酵素，這些酵素可以幫助食物分解。體內的酵素少了就容易生病，通常活的食物含有酵素，死的食品則無酵素。

天然酵素就藏在蔬果裡，身體的健康來自體內酵素的保有含量。只要是活的食物（包含蔬果）就含有大量的酵素，當食物加熱到48℃以上，酵素的營養就會大量流失。葷食裡食用肉品，身體必須靠大量的酵素來幫助代謝，因此多食新鮮蔬果，例如：榨汁的料理方式來增加體內的酵素。

第六個錯誤：葉菜類多於根莖類

在體質調整期儘可能減少攝取葉菜類，因為葉菜類的農藥通常比根莖類多，較不利於病體的復元。葉菜類較寒，可能導致病體更加虛弱。特別是生病的人，葉菜類先少吃或暫時別吃。須特別注意坊間有些說是「有機」，事實上剛開始栽種時仍會噴灑農藥，採收前才停止。

我常用的根莖類蔬菜：地瓜、豆薯、紅蘿蔔、白蘿蔔、馬鈴薯、芋頭、山藥、蓮藕、牛蒡、百合根。

第七個錯誤：芽菜太多

雖然芽菜類，如苜宿芽和小麥草等是非常好的食物，但較適合溫帶或寒帶的人食用，熱帶與亞熱帶人較不適合。台灣屬亞熱帶氣候，其實多數人的體質是不適合吃苜蓿芽或小麥草汁。

雖然苜蓿芽可使體內壞的膽固醇（LDL）下降，但它含皂素，能溶解紅血球，會妨礙人體維他命 E 的利用，苜蓿芽還含有一種名為左旋大豆氨基酸的天然有毒成分，會增加自體免疫疾病的發炎反應，食用量愈大，免疫功能失調的現象愈嚴重。

須強調的是食物本身並沒有問題，問題出在食用者。如果目前我們的體質不適合那麼就先不要食用。其他像綠豆芽、黃豆芽、黑豆芽和紅豆芽，都是很好的食物，無須獨尊苜蓿芽或小麥草。還有浸泡過的種子，也都有發芽的效果，就跟吃芽菜一樣。

第八個錯誤：喝「純淨水」

純淨水並不適合一般人飲用。喝「純淨水」喝進的只有水，並沒有其他物質。因此須提醒身邊的朋友：「為了健康，有些習慣都不容易馬上改變，那麼至少先從飲用水的習慣做起。」

喝對水比喝水還重要，每天須喝 3000c.c. 以上的水。特別是早上一起床的那杯 1000c.c. 好水，不緩不急喝下去，經過一段時間，不僅身體健康，個性也會變得溫和。就從最容易改變的習慣開始。

本書料理多是以糙米取代白米。當肚子餓最好建議先喝湯再吃飯，因為白飯裡含有大量的澱粉，容易讓血糖無法下降。

第九個錯誤：吃精緻白米、白麵

許多素食者的身體狀況不是很好，吃精緻白米、白麵是其中的原因之一。我建議多吃糙米、五穀雜糧米，如果剛開始吃不太習慣，可以糙米、穀類及白米各半混合，或加紅豆、黃豆、蓮子、薏仁等。

大家可以做個實驗，把白米粒和糙米粒一同放到水裡一段時間，會發現白米臭掉，而糙米、穀類發芽了。這是因為糙米、穀類有生命，白米已沒生命。白米的保護層（外面的米糠和裡面的胚芽）被破壞掉，它的營養素都逐漸被氧化；換句話說，白米真正可消化的部分，在吃進體內前就已經被去除，難怪會產生那麼多的病痛。

有人說：「吃飯會胖」，是因為純白米只有熱量沒有其他營養。消化系統較差的人，可以漸進方式從糙米、白米各半，或加入藜麥、莧籽開始，慢慢換成純糙米，最後是五穀雜糧米。

第十個錯誤：忽略地域性和時令問題

「一方水土，養一方人」，我們生存在這個環境，由這地方所生產的植物和生物，就是我們養生最好的食物。無論蔬菜、水果、五穀雜糧等，都須考慮到是不是當令的食物。

我發現很多人吃素食，吃了很多冷凍過，即過季的東西，也吃了很多進口的，非當地盛產的東西，還有更多是加工食品。這就是為什麼有很多吃素的人愈吃身體愈差，這是主因之一。我們入口的到底是食物還是食品，值得注意與思考。

以上提到的雜糧、種子、堅果是我家及上課常見的食材，我經常將這些食材煮成粥再加椰棗，一起打成漿飲用，這杯漿營養充足，再加上根莖類蔬菜，帶給身體無比能量。

四季

飲食維持人類生命的運轉，每天吃飽就能補充
人體基本運作其實是不正確的觀念，如果忽略
攝取均衡營養將影響身體健康。

飲食以中庸之道為最佳，當遇上自己喜歡的食
物還是少吃兩口、當遇上自己不喜歡吃的食物
還是多吃兩口。千萬別再夏天吃草莓、冬天吃
西瓜。身體的能量也會照著季節而運行，食物
也一樣。「應時而食」，依循季節蔬果與均衡
營養的概念，身體自然能平衡的維持最佳狀態。

四季蔬菜各有其味，恰當融入冷暖晴雨，孕育

而生養生又省荷包。應時蔬果總是好吃又便宜，植物在自然生長季裡，天敵較少、無須密集施藥，吃得更安心。隨著生機飲食觀念的推廣，我們的日常生活又逐漸與四季的遞嬗水乳交融、返璞歸真，這將是現代人新健康飲食的指標。

根莖類蔬菜主要生長環境是在土壤裡，生長期也較長，農藥噴灑相對比葉菜類少。

根莖類蔬菜含有大量膳食纖維、礦物質、微量元素，這些營養價值是葉菜類所缺乏的，多吃根莖類蔬菜，體質也較不易虛寒。

四季

高湯

蔬食百匯高湯和昆布素高湯是家中廚房料理的法寶，冰箱裡時時準備著，怎麼煮素料理都方便美味。蔬食百匯高湯富含蔬果熬煮滋味，而昆布素高湯是一道「簡易快速」的料理高湯，方便製作，是鮮甜美味的天然法寶，可以替代市售的蔬菜粉和鮮味精，避免吃進化學添加物。

化學添加物會讓我們身體常常處在發炎的狀態而不自知。烹煮過程調味料愈天然愈少愈好。選擇天然優質的調味料與選擇無毒食物一樣重要。

蔬食百匯
高湯

水 15 杯

白蘿蔔 1/2 條 ⎫ 用靠近葉子的部位

紅蘿蔔 1/5 條 ⎭

午蒡 1/2 條 ～ 用較粗的部位

芹菜少量 ～ 可用芹葉代替

牛番茄 1 粒

青椒半粒

蘋果 1 粒

乾香菇 2 朵

昆布 1 塊（約 15 公分）

滾刀

1. 水 15 杯和昆布、乾香菇混和，放冰箱浸泡 4 小時以上。

2. 白蘿蔔、紅蘿蔔、午蒡全部去皮切滾刀；番茄、蘋果切成 4 等分備用。

3. 將（作法 1）和（作法 2）的材料全部放進電鍋，外鍋加 2 杯水熬煮。

昆布
素高湯

昆布怕潮濕，必須保持乾燥，放置陰涼通風處。每一種昆布的品質依生長場所不同所吸收的養分而有差異，通常須經兩個夏天的成長才完整。優質昆布成長兩年以上才會採收，新鮮的昆布是活的、有活力的、無汙染的，是人工從深海裡採收的。幾乎所有的昆布都呈現深褐色；乾燥後變成墨綠色，主要產地在北海道。淺海養殖有重金屬感染之虞，或是已經死掉沒有生命漂流在淺海域的流水海帶，有時坊間所稱的昆布經過熬煮，湯頭呈現混濁，有可能買到的是海帶。

食材

水 5 杯
昆布 2 塊（每塊約 15 公分）
乾香菇 2 朵
牛肝菌菇 6 片

作法

將材料混合一起放入冰箱冷藏 12 小時即可使用，冷藏存放賞味期約 3 天。

流水昆布

深海天然昆布

泡水後的清濁就能
分辨優劣

流水昆布

深海天然昆布

淺海養殖昆布氣味較
腥，因成長在淺水海
域，含重金屬較高。

肉質呈現白色，因成長在深
海，礦物質跟微量元素較多，
一年只有夏天可採收，是以
人工採收。

褐藻醣膠，昆布含豐富天然碘、鉀、鈣質，鮮
美味道主要來自谷氨酸鈉、丙胺酸甘露醣醇的
含量及豐富的褐藻醣膠。昆布的白色粉末不須
沖洗。先將昆布浸泡 12 小時以上，可釋放出更
多的褐藻醣膠；取出昆布烹煮，當更多褐藻醣
膠的胺基酸加熱後轉換成更多的鮮味，即是天
然的味素和鮮味。

四季

薑黃
味噌汁

白蘿蔔 1/5 條
紅蘿蔔 1/5 條
<u>木棉豆腐</u> 1 塊

蔬食百匯高湯 6 杯
味噌 1/2 杯
味霖 1/3 杯
薑黃粉 2 小匙
海帶芽適量

木棉豆腐以天然鹽滷凝
固而成，外觀呈現氣泡
孔狀。

1. 蔬食百匯高湯 6 杯加入所有食材，開火煮滾後轉小火；取出一些高湯和味噌攪拌均勻再倒回鍋內，並加入味霖、薑黃粉拌勻後熄火。

2. 海帶芽以冷開水泡開備用。

3. 煮好的薑黃味噌汁加入少許<u>海帶芽</u>，即可食用。

海帶芽市面上通稱裙帶菜或海帶芽，生長時間愈短質地愈柔軟、顏色愈深愈優質、葉片愈大愈佳。來自不同國家的海域，品質也都有明顯的差異。有的海域汙染或加工烘乾過程添加不明化學成分，所以挑選時要多留意，查看是否有小砂石及其他小雜物。成長地以日本北海道的海域及日本東北部最優質。怕潮濕，置放陰涼通風處保持乾燥。

食用海帶芽，不可將泡好的海帶芽跟湯一起煮，正確方式是把泡好的海帶芽放在碗中再加入味噌汁即可。泡過的海帶芽剩下的水，可當作高湯使用。

味噌豆乳汁

白蘿蔔、紅蘿蔔、干瓢、
乾香菇、昆布

食材

將蔬食百匯高湯煮熟的食材取出備用
南瓜 1/8 塊
茄子 1/2 條
木棉豆腐 1 塊

水 3 杯
蔬食百匯高湯 6 杯
昆布素高湯 1 杯
味噌 2/3 杯
味霖 1/4 杯
豆漿適量
七味粉適量
海帶芽適量

味噌是以黃豆為主要原料再加入鹽和米麴菌發酵製成的。根據米麴菌的種類不同而分為米味噌、麥味噌、大豆味噌。市面上的「信州味噌」不是品牌，而是日本長野縣味噌公會團體的註冊商標，這名稱是長野縣味噌統稱而非單一味道的味噌。

將蒸熟的糯米加入米麴，使其慢慢產生糖化作用熟成。壓榨後分成酒和酒糟再將酒過濾殺菌製成。味霖含有 14％酒精和 46％的葡萄糖分。

天然的味霖含有游離氨基酸，形成了特有的甜味。添加於料理上能降低食材的鹹度和酸度，在食物烹調中產生特別的香氣，也能去除材料中的生青味。快速分辨的方法是用鼻子聞，天然釀成的有酒味，非天然的味霖無酒精成分。

調合的

天然的

1. 南瓜去皮滾刀切塊，茄子滾刀切塊，木棉豆腐切四方小塊。

2. 蔬食百匯高湯 6 杯、昆布素高湯 1 杯、水 3 杯和所有材料一起煮熟，轉小火。

3. 從湯鍋內取出一些高湯，加味噌拌勻倒回鍋內一起熬煮，再加入味霖，熄火。

4. 在碗中加入 1 大匙豆漿、海帶芽，再倒入味噌汁，最後灑上七味粉。

味噌茄子

茄子含豐富的膳食纖維、微量元素和維生素 P，可軟化血管和防治高血壓、動脈硬化。維生素 P 經加熱遇高溫油炸營養就會大量流失。很多人害怕烹煮茄子，如何在烹煮的過程使茄子的顏色漂亮，又可以保留茄子的營養成分，的確需要有一些技巧。

食材 茄子

茄子宜選擇瘦長形，有彈性，又稱軟茄，菜市場有特殊名稱叫麻糬茄，顏色宜選擇紫黑色。

調味

開水 1 杯
味霖 1/4 杯
醬油 1/5 杯
味噌 1/2 杯
芝麻醬 1 杯
岩鹽少量
薑汁適量
辣椒末少量。

〔技巧〕

半圓形中式炒鍋、
鍋蓋、不鏽鋼圓形
蒸盤各一個備用。

打開鍋蓋時的開口
愈小愈好,是為了
保持鍋內溫度約在
97~100 度。

作法

1. 炒鍋中放入水,水量須
   與蒸盤高度一樣,蓋上
   鍋蓋以大火煮沸。

2. 茄子切成二等分,水滾
   後將鍋蓋打開到僅能放
   入茄子的開口,將茄子
   放入後迅速蓋上鍋蓋。

視家中鍋子的大小二
等分、三等分都可

3. 茄子蒸煮五分鐘後再打
   開鍋蓋;夾起茄子,自
   然放涼,不可泡水。

泡過水的茄子會像海
綿體吸入大量水分,
口感軟爛不佳。

4. 所有調味料混合拌勻做
   成沾醬,煮熟的茄子切
   小段,淋上沾醬。

做好的醬汁也可沾當季的蔬菜,如:秋葵、蘆筍、龍鬚菜、茭白筍,
以上食材只須燙熟即可食用。依食量決定食材的用量,才不會浪費。

杏仁
濃湯

干薺、乾香菇、昆布

將蔬食百匯高湯裡煮熟的食材
取出備用

調味

水 1 杯
蔬食百匯高湯 8 杯
昆布素高湯 1 杯
腰果 1 杯
南杏仁粒 1/3 杯
杏仁粉 1 杯
味霖半杯
岩鹽適量

腰果

南杏仁粒

杏仁粉

產地喜馬拉雅山，
機器採收

產地安地斯山，
人工採礦

兩種岩鹽差異在於礦物質
含量多寡

作法

1. 全部食材、9 杯高湯、1
   杯水一起煮沸後關小火
   熬煮。

2. 取出（作法 1）少量高
   湯，加入腰果、南杏仁
   粒、杏仁粉用攪拌機分
   二次打碎拌勻；回到（作
   法 1）的鍋裡拌勻，一
   起熬煮，煮沸即可熄火。

3. 加入味霖、岩鹽調味。

煮濃湯時要注意，若食材須經過果汁機或攪拌機打碎，都必須
再回鍋煮沸，濃湯才不會產生酸性，也可拉長保存時間。

四季

毛豆
昆布飯

可用糙米代替，若用糙米則先浸泡 1 小時以上，再把浸泡過的水倒掉，重新加入 2.5 杯水，外鍋加 1.5 杯水，等開關跳起再悶 15 分鐘。

白米 2 杯
昆布約 5 公分
毛豆（黃豆）適量

水 2 杯
味霖 2 小匙
岩鹽少量

1. 白米洗淨三次瀝乾 30 分鐘備用。

2. 昆布剪成條狀放入 2 杯水內浸泡 30 分鐘。

3. 毛豆汆燙至熟備用。

4.（作法 1、2）食材和調味料一起放入電鍋，外鍋加 1 杯水。

5. 拌入毛豆。

四季

薑黃多寶飯

燕麥半杯
蕎麥 1/10 杯
芡實 1/10 杯
洋薏仁 3/10 杯
糙米 1 杯
栗子 5 顆

這些雜糧的組合我將它
稱作多寶米

若沒有莧籽，也可用小米代替。栗子是
採用新鮮栗子，也可用新鮮蓮子。

總共是 2 杯
米的量

芡實

圓糙米

洋薏仁

莧籽

燕麥

調味

水 2.5 杯
薑黃粉 1 小匙
岩鹽 1 小匙
藜麥 1 小匙
莧籽 1 大匙

黑藜麥

蕎麥

作法

1. 所有材料洗淨浸泡 2 小時，
將浸泡水倒掉。

2. 所有材料和全部調味料放入
電鍋，外鍋加 1.5 杯水。煮
好勿掀鍋蓋悶 5~10 分鐘。

所有新鮮的雜糧外皮都有一層
植酸，可保護種子不被蟲咬。
因此泡過種子的水須倒掉，重
新加水烹煮，以免植酸引起胃
脹氣或胃酸。

四季

紅豆薏仁飯

薏仁加紅豆有特別的營養價值，薏仁中含維生素 B6 和鐵，加上紅豆豐富的葉酸和鐵質，兩種食物一起烹煮能預防貧血，促進孩童成長。

煮熟紅豆 1 杯
煮熟薏仁 1 杯
糙米 2 杯
栗子 3 顆
腰果適量
桂圓適量

將 2 杯紅豆洗淨，用 6 杯水浸
泡約 6~8 小時後，倒出浸泡水
備用。重新加乾淨的水 8 杯放
入紅豆，再放進電鍋，外鍋加
2 杯水。煮好悶 30 分鐘。

所有新鮮的種子外皮
都有一層植酸，可保護
種子不被蟲咬。因此泡
過種子的水須倒掉，重
新加水烹煮，以免植酸
引起胃脹氣或胃酸。

紅豆水 2.5 杯
岩鹽少量

1. 將糙米洗淨浸泡 2 小時，將浸泡水倒掉瀝乾備用。

2. 所有食材加紅豆水、岩鹽放入電鍋，外鍋加 1.5 杯水。煮好勿
   掀鍋蓋悶 5~10 分鐘。

沒有紅豆水
可用水代替

四季

紅豆薏仁
三角飯糰

延伸料理

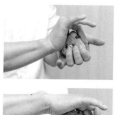

紅豆薏仁飯

優質的，呈現琥珀色，味道含酒精成分，用酒精抑制發酵工法，聞起來有淡淡酒香

一般常見的，呈現較深色

有些品牌的濃口醬油以防腐劑抑制發酵，
此種工法釀造較無豆香味

味霖 2 匙
濃口醬油 1 匙
砂糖少量
岩鹽少量

將所有調味料一起放入鍋中加熱煮至濃稠狀，直接沾取醬汁均
勻塗抹在三角飯糰兩面上。

芝麻薏仁

薏仁營養價值高，能養顏美容、消水腫、利尿、抑制癌細胞。

食材
糯米薏仁 1 杯
紅薏仁半杯
虎豆 1/3 杯

薏仁中的維生素 A、B1、B 群、鈣，能美白，改善皮膚粗糙和身體浮腫、排除身體廢水，有利尿及提高身體免疫力、抑制癌細胞。

大部分市售薏仁來自國外進口，運送時間較長，通常會灑上二氧化硫保色，防蟲咬，因此在烹煮前最好汆燙過。

調味
未調味芝麻醬 3 大匙
濃口醬油 1 大匙
味霖 3 大匙
岩鹽 1 小匙
砂糖 2 大匙
蘋果醋 1 大匙
味噌 1 大匙
黑芝麻粒適量
海苔粉適量
開水 3 大匙

台灣品種
紅薏仁

糯米薏仁

用味噌做調味，是為了讓醬汁的風味提升，因為味噌含有豐富的酵母菌，不再只是煮湯而已，這改變了我們對味噌的觀念。

作法
1. 薏仁洗淨浸泡 2 小時，先汆燙再烹煮。

2. 加入虎豆、汆燙好的薏仁放入電鍋，加水 5 杯，外鍋加 2 杯水。煮好勿掀鍋蓋悶 20 分鐘。

3. 薏仁粒撈起瀝乾。

4. 所有調味料用攪拌機拌勻成醬汁。

5. 取薏仁粒加入適量醬汁，即可食用。

四季

藜麥
地瓜飯

蔾麥有很強的生命力,在攝氏
70~80 的溫度也能長出新芽。有黑
蔾麥、白蔾麥、 紅蔾麥。蔾麥有特
別的營養價值Omega-3,有「穀后」
的美稱。

白米 2 杯
黑蔾麥 1/4 杯
地瓜 1 條
水 2 又 2/3 杯

1. 白米洗淨三次瀝乾 30 分鐘;黑蔾麥用細紗網沖洗。

2. 地瓜削皮切大塊。

3. 所有材料放入電鍋,外鍋加 1 杯水。

四季

芝麻
涼麵

食材

煮好的綠竹筍 1 支
細麵 1 把

無調味芝麻醬 3 大匙
冷開水 2 大匙
味霖 2 小匙
<u>薄口醬油 1 小匙</u>
檸檬汁 1 大匙
岩鹽少許
砂糖適量

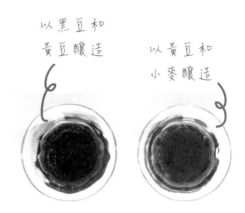

以黑豆和
黃豆釀造

以黃豆和
小麥釀造

以釀造方式不同比較薄口醬油

薑汁少量
七味粉適量

七味粉源自於日本，由七種香料組合成，內容物大概是陳皮、芝麻、青海苔、辣椒、山椒、大麻子、罌粟子。每一家各有獨特配方，香氣各不相同，風味極佳。

薄口（淡色）醬油主要以黃豆為原料基底製作，為了讓醬油顏色變淡，採用低溫發酵的方式製作，因此含鹽分量較重。坊間有些薄口醬油非低溫發酵製作，而是用調色方式讓醬油變淡。特別提醒的是薄口醬油的鹽分（鈉含量）不會較低。

1. 調味料 A 全部拌勻，放入冰箱備用。

2. 麵煮熟撈起放進冷水，再撈起放入冰水，冰鎮約 1 分鐘撈起瀝乾。

3. 麵擺盤加上（作法 1）的醬料，加上（調味 B）即可。

四季

抹茶
芝麻麵

抹茶麵 1 把

黑芝麻富含鈣質、卵磷脂、維生素 B1、B2、A、D、E，是素食者不可缺少的營養補充品。芝麻若保存不當易受潮，放置冰箱冷藏較好，出現油耗味最好不要食用，以免傷害身體。

無調味黑芝麻醬 1 匙

味霖 1 匙
濃口醬油半匙
味噌半匙
蘋果醋 1/3 匙
砂糖適量
開水 3 匙

1. 大碗冰水備用。

2. 抹茶麵放入滾水中，煮約 4 分鐘撈起，再放入冰水約 1 分鐘撈起瀝乾。

3. 所有調味料攪拌均勻備用。

4. 擺盤後淋上醬汁。

四季

胡麻
拌山蕨

食材

山蕨（過貓）1 把
山葵泥少量

調味

無調味黑芝麻醬 1 匙

味霖 2 匙

濃口醬油半匙

味噌半匙

蘋果醋 1/3 匙

砂糖適量

開水 3 匙

作法

1. 大碗冰水備用。

2. 山蕨放入滾水中汆燙 1 分鐘撈起，放入冰水冰鎮約 3 分鐘撈
   起瀝乾。

3. 所有調味料調和拌勻備用。

4. 取適量瀝乾的山蕨，淋上已調和好的調味料，加入七味粉、
   山葵泥點綴。

四季

胡麻
芥末
拌野蔬

黃櫛瓜 1/4 條
新鮮香菇 2 朵
小番茄 3 粒
杏鮑菇 2 條
蓮藕 1 小節
綠蘆筍 3 條

無調味白芝麻醬 2 匙
味霖 2 匙
薄口醬油少量
開水 6 匙
味噌 2 匙
砂糖 1 匙
冷壓芝麻油 1 匙
芥末籽粒 1 匙
熟芝麻粒少量
熟腰果適量

〔使用醬油的觀念〕

1. 食材必須煮熟才開始加調味料

2. 先加味霖

3. 加入少許醬油調色

4. 味道不夠再加岩鹽（切記不可再加醬油）

5. 想要有些甜味再加入少許的糖

6. 熄火後再加醋

7. 所有未加工過的辛香料，皆在擺盤後再添加，以增加香氣

1. 黃櫛瓜、杏鮑菇滾刀切塊，新鮮香菇切成 4 等分，小番茄切對半，蓮藕切片，綠竹筍切小段；依序將所有食材分別放入滾水中煮熟撈起瀝乾。

2. 所有調味料以果汁機打均勻備用。

3. 平底鍋內放入（作法 2）的調味料加入 1 杯水，再加入（作法 1）的所有材料，煮至收汁，擺盤。

四季

昆布
佃煮

在傳統的日本料理，「佃煮」是最基本的調味方式。主要是用醬油、味霖調味；味道鹹中帶甜味，利用慢火慢慢將調味滲透入食物，藉由加熱蒸發原理讓食物湯汁慢慢收乾，保住蔬菜的甜味，利於保存。

食材 羅臼昆布 1 條（約 80 公分）

調味 味霖 1 杯
濃口醬油 1 杯
砂糖 1.5 杯
岩鹽 1 小匙

作法
1. 昆布用料理剪刀剪成小塊狀，再放入 15 杯水浸泡至軟化。
2. 放進鍋中加入所有調味料；大火煮滾轉中小火熬煮至湯汁呈濃稠狀收湯。

稻荷壽司

稻荷,日本有間寺院稻荷神社,神社中的主神是五穀大神,坐騎是狐狸,因供桌上的供果常被附近的狐狸偷吃,於是寺裡的職事就把他們常吃的滷豆皮擺在供果旁,發現狐狸只吃豆皮不吃供果了。知道了狐狸愛吃滷的甜甜鹹鹹的豆皮,其他寺院有狐狸出沒也用同樣的方式供養。從此豆皮的味道也就一直流傳,也因此稱為稻荷。

白米 2 杯
調味豆皮 20 個
炒過芝麻適量

藜麥 1 小匙
薑黃粉 1 小匙
蘋果醋半杯
砂糖半杯
岩鹽 1 小匙

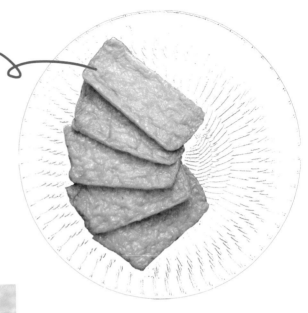

1. 白米洗淨瀝乾 30 分鐘後放入電鍋，加入藜麥、薑黃粉，再加入 1 又 9/10 杯水；外鍋加 1 杯水，煮好後悶 5~10 分鐘。

2. 蘋果醋 1/2 杯、砂糖 1/2 杯、岩鹽 1 小匙，混合攪拌均勻備用。

3. 白飯悶煮後全部取出，倒入（作法 2）調味料拌勻，以電風扇將飯吹涼。未食用完的醋飯放入冰箱保存，以保持鮮味。

4. 壽司飯灑上芝麻，取一撮圓飯塞入豆皮內整形。

四季

散壽司

延伸料理

甘露香菇 1 朵

青花筍 1 朵

蘆筍 3 條

玉米筍 2 條

調味豆皮 1 片

紅蘿蔔 1 條

紀州梅 1 顆

壽司飯 1 碗

1. 壽司飯盛入碗內、甘露香菇切薄片。

2. 蘆筍、紅蘿蔔切成 4 等分、玉米筍切成 3 等分，放入滾水中燙熟瀝乾。

3. 調味豆皮切成 4 等分。

4. 所有材料鋪上壽司飯即可。

四季

油醋醬
法國土司

油醋料理的作法，通常義大利人不加番茄，希臘人加番茄，加入番茄後使油醋料理更加爽口。

法國吐司一條
小紅番茄 2 顆
小黃番茄 2 顆

冷壓初榨橄欖油 2 匙
巴沙米可醋 1 匙
岩鹽少許
義式香料少許

巴沙米可醋 (Balsamico) 煮過
的濃縮葡萄原汁放入橡木桶培
養；在過程中橡木桶會蒸發葡
萄原汁，因此須不斷加入新的
葡萄原汁。放在橡木桶的葡萄
醋會因年分的多寡而變化培養
出不一樣的風味；這也是義大
利葡萄醋最迷人的味道。在義
大利以摩典那 (Modena) 生產
的葡萄醋最有名氣。

1. 吐司切片烤過。

2. 小紅、黃番茄切小丁。

3. 冷壓初榨橄欖油 2 匙、巴沙米可醋 1 匙、岩鹽少許、義式香
   料少許，攪拌均勻，加入切好的番茄丁拌勻。

4.（作法 3）的材料和法國吐司擺盤。

以味道、顏色分辨醋的好壞，
優質的醋較不嗆鼻。

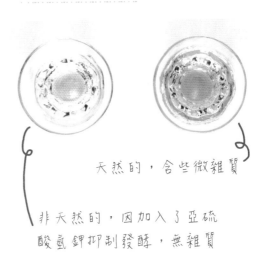

天然的，含些微雜質

非天然的，因加入了亞硫
酸氫鉀抑制發酵，無雜質

攪拌後，若要再使用須再攪拌一
次，因為油與醋經攪拌會產生乳
化作用，但因為沒有加乳化劑，
所以經過一段時間會再分離。

四季

蕎麥味噌豆腐燒

木棉豆腐 1 塊

昆布素高湯 6 大匙
味霖 1.5 大匙
濃口醬油 1 大匙
岩鹽少量
蘋果醋半匙
蕎麥味噌少量

1. 木棉豆腐切成 4 等分，用橄欖油將豆腐雙面煎成金黃色。

2. 放入昆布素高湯、濃口醬油、味霖、蘋果醋煮至濃稠。

3. 擺盤後，淋上蕎麥味噌。

四季

雲耳漬

雲耳又稱川耳，主要產地在四川雲南一帶，泰國也有生產。含有豐富的膠質和膳食纖維，口感也較脆Q嫩，有別於黑木耳的口感。

食材

雲耳 1 杯
嫩薑半條
大辣椒半條

調味

開水 1.5 杯
蘋果醋半杯
砂糖半杯
岩鹽 1 小匙

作法

1. 川耳泡軟，汆燙放涼。

2. 嫩薑切片，汆燙放涼。

3. 大辣椒去籽切小塊狀。

4. 開水 1.5 杯、砂糖半杯、岩鹽 1 小匙煮滾放涼。

5. （作法 1、2、3）的食材放入（作法 4），一起浸泡入味。

四季

黑木耳露

黑木耳（黑皮百背）

乾燥黑木耳 3 大把
新鮮白木耳 1 小把
桂圓 1/3 杯

較新鮮，顏色百

放較久，較不新鮮，顏色偏灰

黑木耳偏寒性，因此特別在這道料理的烹煮
中加了桂圓中和。木耳含豐富的鐵質、膠質
及膳食纖維。多醣體是抗癌最佳成分、防貧
血、預防動脈硬化、促進腸胃蠕動、膠質幫
助身體排出廢物和潤膚。

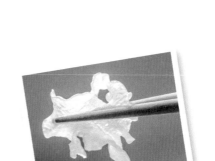

調味

水 15 杯
砂糖適量
岩鹽 1/2 小匙

烹煮甜品時，加入砂糖的同時再加入少量岩鹽，目的
是使甜品不會過甜且能回甘。岩鹽裡有豐富的礦物
質，能使身體更易分解糖分，快速排出體外。

作法

1. 黑木耳浸泡 15 分鐘，和白木耳一起汆燙過水撈起。

2. （作法 1）的食材加水 15 杯，分次打碎成泥。

3. 放入鍋中熬煮至濃稠狀，加入桂圓熬煮，至桂圓鬆軟即可熄
火，加入調味料。

（竖排）四季

紫米
紅豆粥

90

以圓糯米可取代太白粉勾芡的作用，圓糯米的黏稠度比尖糯米好。

食材

黑米 1 杯
圓糯米半杯
紅豆 1 杯
水 10 杯

調味

砂糖適量
桂圓少量
岩鹽少量

作法

1. 所有食材一起浸泡 6 小時以上，並將浸泡水倒掉。

2. 所有食材放入電鍋煮熟，加水 10 杯，外鍋加 2 杯水。

3. 從電鍋取出再放在火爐上，煮沸後加入砂糖和桂圓。

春·馬鈴薯

馬鈴薯在台灣最佳產季是每年十二月到隔年四月，馬鈴薯富含最優質的澱粉質、維生素、鈣質等。宜選購外形無傷、按壓不軟，無發芽的，因發芽的馬鈴薯含微量毒素。放置陰涼通風處保持乾燥較不易發芽。馬鈴薯是很好的食材，在烹煮中以多變化的調味和烹煮方式，皆能展現出特別不一樣的口感與風味。

進口的　　台灣的

繽紛
馬鈴薯
沙拉

馬鈴薯和地瓜是
超級速配的料理
食材，善用「蒸」
的方式留住甜度
與美味。

紅蘿蔔在台灣產季是每年 12 月～4 月，產地分布在中南部。宜選擇外表有鬚根，頭寬尾端纖細，根部蒂頭是綠色，且蒂頭愈小愈甜。

食材

馬鈴薯 2 顆
地瓜半顆
紅蘿蔔 1/3 條 ～
小黃瓜 1 條
蘋果 1 顆
小蘇打餅數片
堅果適量

調味

鹽 1 小匙
薑黃粉 1/2 小匙
沙拉醬 3 大匙 ～ 無蛋沙拉醬
岩鹽 1/2 小匙

作法

1. 馬鈴薯、紅蘿蔔、地瓜去皮切片，放進電鍋蒸熟，外鍋加 2 杯水；趁熱搗碎拌勻，加入鹽和薑黃粉，放涼備用。

2. 蘋果削皮去籽，切成小丁備用。

3. 小黃瓜切成薄片，加入少量鹽輕輕柔捏均勻，置放 1 分鐘，用開水沖洗，瀝乾備用。

4. （作法 1、2）的食材全部依序混和，加入沙拉醬拌勻。最後挖一球馬鈴薯沙拉放在小蘇打餅上面，最後擺上堅果。

春·馬鈴薯

延伸料理

筆管沙拉麵

食材
美生菜 1/4 顆
蘋果 1/4 顆
馬鈴薯 1/4 顆
小番茄 5 顆
川耳 5 朵
筆管麵 2 杯

調味
無蛋橄欖油沙拉醬 1 杯
檸檬汁 1 大匙
岩鹽 1/2 小匙

作法
1. 美生菜泡冰塊水，浸泡 15 分鐘撈起瀝乾。

2. 筆管麵滾水煮約 15 分鐘撈起。

3. 馬鈴薯切小丁汆燙、川耳汆燙都瀝乾。

4. 蘋果切小丁、小番茄切成 2 等分。

5. 所有材料拌勻即可。

春·馬鈴薯

波菜濃湯

新鮮香菇 5 朵
薑片適量備用
蘋果 2 粒磨成泥
波菜 1 把（約半斤）
腰果 1 杯
法國麵包 3~5 片

波菜含膳食纖維、類胡蘿蔔素、鈣、鐵、維生素 A、B 群、C、D、K 等，可預防貧血、骨質疏鬆。類胡蘿蔔素有保護眼睛的功能。

馬鈴薯 2 粒
紅蘿蔔 1/3 條都去皮切塊
牛番茄 2 粒

味霖 2 大匙
有鹽奶油適量
橄欖油適量
昆布素高湯 3 杯
胡椒粉少量
岩鹽適量
保久乳 2 杯
水 10 杯

保久乳的消毒方式是用 125°C 左右的溫度消毒；保存期限 3~6 個月（依每家廠商製造的方式決定保存期限），但開封後就必須冷藏。

1. 新鮮香菇和薑片以橄欖油炒香，加入食材 A、昆布素高湯、水 10 杯熬煮至熟透，放涼備用。

2. （作法 1）備用食材分次放入果汁機，和新鮮波菜打成汁，再倒入湯鍋，小火邊攪拌熬煮至沸。

3. 加入奶油塊、岩鹽、味霖、保久乳調味即完成。

4. 烤過的法國麵包沾取濃湯食用。

本書中的料理只要用到乳品都以保久乳為主，原因是它經加熱烹煮後乳脂肪不會產生硬塊狀。

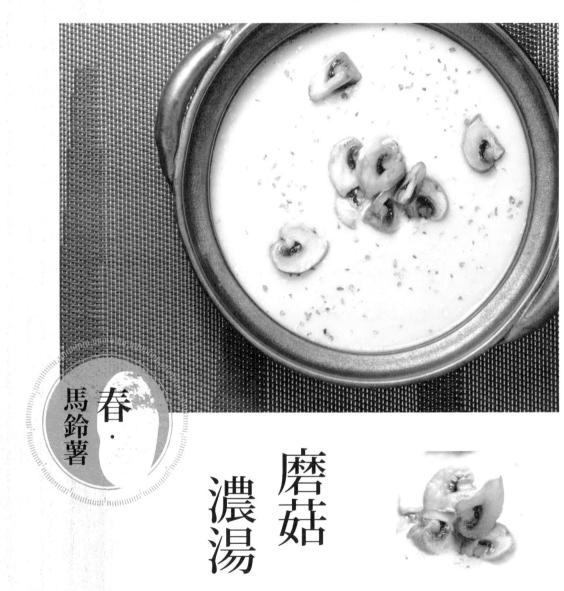

春・馬鈴薯

磨菇濃湯

蘑菇約 15~20 朵

新鮮香菇 6 朵

乾香菇 2 朵

馬鈴薯 3 粒

腰果 1 杯

薑片適量

味霖 2 大匙

有鹽奶油適量

橄欖油適量

黑胡椒粉少量

岩鹽適量

昆布素高湯 3 杯

保久乳 3 杯

水 10 杯

高溫易使奶油氫化變成有毒物質，料理此道菜時宜將奶油塊放入湯裡融化。

1. 乾香菇泡軟、馬鈴薯去皮切塊，蘑菇、新鮮香菇切片。

2. 蘑菇、新鮮香菇、薑片、腰果、橄欖油一起炒香，加入馬鈴薯、泡軟的乾香菇、昆布素高湯、水 10 杯一起熬煮，大火煮滾轉小火，約煮 20 分鐘至熟。

3. 所有食材依序放進鍋中，加入素高湯，放進果汁機打成泥倒出拌勻。

4.（作法 3）的食材加入所有調味料，小火邊煮邊攪拌，煮滾即可。

咖哩悶蔬菜

咖哩由數十種香料混合
調味而成，富含維生素
A、E、B群、微量元素。
能幫助抗氧化、促進新
陳代謝、增進食慾。

木棉豆腐 1 塊
黃櫛瓜半條
白花椰菜半顆
馬鈴薯 2 個
蓮藕 2 節
牛番茄 1 粒
川耳少許
蘋果半顆磨成泥

昆布素高湯 10 杯
咖哩粉半杯
72%巧克力 1 小塊
味霖 2 大匙
岩鹽適量

調味中加入 72% 巧克力是取巧克力的苦味去調合咖哩的辣味及蘋果的酸味。

1. 川耳泡軟汆燙、蓮藕削皮切滾刀汆燙、黃櫛瓜切滾刀、馬鈴薯切大塊、牛番茄切成四等分、白花椰菜切小朵狀、木棉豆腐切 6 等分。

2. 依序放入蓮藕、川耳、馬鈴薯、牛番茄、黃櫛瓜、木棉豆腐；待全部食材煮熟後，取出已熟的馬鈴薯，放入果汁機打成泥狀，再倒回鍋中拌勻。

3. 加入所有調味料調味及蘋果泥。

筍子 夏．

冬季生產的筍子稱為冬筍，通常在還沒出土的時就
被採收了，所以香氣與眾不同；農曆春節後採收的
筍子稱為春筍，則是在出土後採收。

烹煮方式夏天買的筍子須用冷水煮，冬天買的筍子需用熱水煮。主要防止纖維質老化，也較不易有苦味。

台灣一年四季都有筍子可以做料理，每一季的筍子各有獨特的風味。

每年 2~4 月間北部山區會出現箭筍；中南部山區會有桂竹筍。每年 5~8 月入夏後是綠竹筍的產季，宜選擇牛角形，尖部未呈現綠色者較佳。每年 7~11 月出產麻竹筍。

夏・筍子

和風沙拉

蘿蔓生菜

紅蘿蔔

筍子

玉米筍

小番茄

海帶芽

蘋果半顆

冷開水 2 杯

薄口醬油 1 小匙

味霖 1 大匙

砂糖 2 大匙

蘋果醋 2 大匙

岩鹽 1 小匙

芥茉籽粒 1 大匙

冷壓初榨橄欖油 1 大匙

檸檬原汁 2 大匙

1. 蘿蔓生菜、紅蘿蔔切細條狀泡冰塊水，小番茄切對半，筍子、
   玉米筍切長條狀汆燙至熟。以上所有材料瀝乾備用。

2. 所有調味料以果汁機打勻。

3. （作法 1）食材瀝乾，淋上（作法 2）的調味料。

夏・筍子

若芽
春筍湯

若芽是海藻類的另一
種名稱，海帶芽亦可
稱若芽。

這道料理是利用蔬食百匯高湯裡頭的食材，達到充分利用食材的目的。

蔬時百匯食材
竹筍半條
牛番茄 1 個
薑絲少許
海帶芽適量

素高湯 5 杯
味霖 2 大匙
岩鹽少許

1. 竹筍切塊狀、牛番茄切 4 等分。

2. 放入蔬時百匯食材、素高湯、全部食材；待食材全煮熟後再依序加入味霖、岩鹽，即可起鍋。

夏·筍子

伏見湯麵

伏見湯麵，相傳在日本的寺院，供果經常會被狐狸偷吃，寺裡不知如何支開狐狸不再去吃供果。於是寺裡的僧人就試著將大寮煮過，有甜甜香味的油豆腐皮放在供果旁讓狐狸吃。從此狐狸真的只吃油豆腐皮而不吃供果。因此在日本油豆腐皮被稱為伏見豆腐皮，當伏見豆腐皮加了湯麵後又稱為伏見湯麵，亦稱為狐狸湯麵。

食材

素高湯 6 杯
油豆腐皮 1 片　　　　　可用稻禾壽司皮代替
細麵 1 把
山蕨 1 小把

調味

味霖 3 大匙
薄口醬油 1 大匙
岩鹽適量
七味粉適量
海苔絲適量

調味過後，發現味道不夠時，一定須依原來調味的比例依序加半倍或一倍，才能維持原來的口感。

作法

1. 沸水煮細麵約 2~3 分鐘至熟撈起。

2. 加入燙好的山蕨，再加入煮好的素高湯，再加入油豆腐皮。

3. 灑上少許七味粉、海苔絲。

夏・薑

薑可活絡筋骨、刺激身體的五臟六腑、促進血液循環、幫助消化。

本書中所有漬物的烹煮方式,是一種用天然醋所浸泡蔬菜的烹煮法,非一般市面上的醃漬品,因此不能久放,只能短期保存約 1 週左右,且必須全程冷藏。這樣的漬物烹煮方式是為了攝取到天然的酵素。

宜選瘦長形，切開的果肉呈現黃
色最優，成長在海拔位置較高。

不宜選擇過於肥胖，可能澆灑成
長激素。

夏·薑

五色漬物

漬物，烹煮天然醋時，溫度必須降至48℃以下，再加入天然醋，天然酵素才能不被破壞。

白蘿蔔半條
紅蘿蔔 1/4 條
嫩薑適量
川耳 1 把
大辣椒半條

常有人將漬物和醃製品混為一談，其實是不一樣的。漬物裡的酵母菌是活菌，隨時間不斷發酵，留下的湯汁也含有大量的酵素。醃漬品不須冷藏，是用化學添加物抑制發酵，可長時間常溫保存。

水 3 杯
砂糖 1 杯
鹽 1 小匙
蘋果醋 1 杯

1. 白、紅蘿蔔切細長條狀，小黃瓜切滾刀，大辣椒去籽切小段、嫩薑去皮切薄片、川耳泡軟。

2. 熱水汆燙川耳約 7 分鐘，加薑片再煮約 3 分鐘，然後全部撈起瀝乾，泡冷開水備用。

3. 水 3 杯加砂糖、鹽煮沸關火，攪拌溶解，待冷卻加入蘋果醋。

4. 所有（作法 1、2）的食材料放入（作法 3）的調味醬汁浸泡，放置冰箱冷藏 2 天。

夏・薑

延伸料理

漬物
冷麵

適合夏日的清涼口感輕。將五色漬物
加一把細麵，快速攝取到有天然的酵
素的美味涼麵。

五色漬物

<u>細麵條 1 把</u>

也可以素麵代替

在日本是用小麥粉加入鹽水揉成麵糰做成細
麵條，移置陽光下曝曬，全乾燥後再存放在
6~8°的室溫，自然熟成一年以上的麵條稱為
素麵，它有特別的 Q 勁口感。

本書中的粉紅色素麵是添加了紀州梅，而呈
現出的顏色，有特別的香氣。

七味粉

1. 細麵煮約煮 2~3 分鐘至熟撈起，沖泡冷開水，再冰鎮 1 分鐘
   撈起瀝乾備用。

2. 取五色漬物的湯汁加五色漬物少量食材放入（作法 1）的碗
   中。

3. 灑上七味粉即可食用。

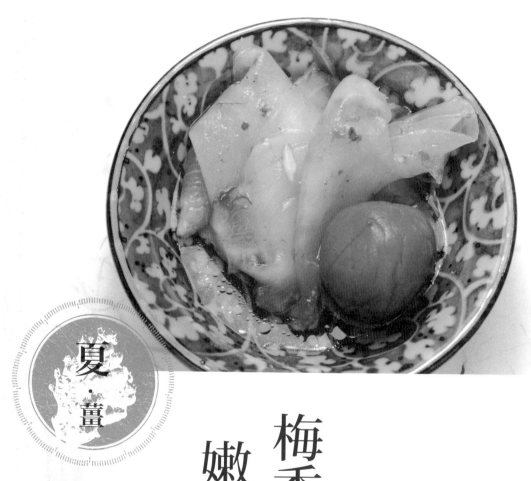

夏·薑

梅香嫩薑

嫩薑 3 條

在早餐食用最佳，因為薑能在一
早起床後喚醒體內的五臟六腑，
既暖身也幫助身體新陳代謝。

薑的分別：嫩薑、新薑、老薑、竹薑

紀州梅 5 粒
砂糖 1 杯
蘋果醋 1 杯

1. 嫩薑切薄片，放入沸水中煮 3 分鐘撈起，浸泡冷開水 10 分鐘
撈起瀝乾。

2. 紀州梅去籽將果肉切碎備用。

3. 嫩薑、砂糖、蘋果醋、紀州梅全部浸泡，置放冷藏 2 天。

虎豆

薑黃虎豆飯

薑黃含天然薑黃素，能殺
菌、抗菌，抗發炎、保護
肝臟、促進血液循環、增
加身體抵抗力。

新鮮薑黃半條
白蘿蔔 1/5 條
新鮮虎豆 1/4 杯
新鮮栗子 6 顆
白米 2 杯

虎豆是豆中之王，具有很強的補血、補鈣的
營養價值，所含的膳食纖維很高，也能改善
便祕及腸道的保養，消水腫、降低膽固醇、
強化心臟與神經系統。

薑黃粉 1 小匙
岩鹽半匙
味霖 1 大匙
薄口醬油 1 小匙
水 2 杯

1. 米洗淨三次瀝乾 30 分鐘備用。

2. 白蘿蔔切薄片，新鮮栗子對切，虎豆洗淨。

3. 新鮮薑黃切小丁加橄欖油爆香。

4. （作法 1、2、3）的食材加水 2 杯放進電鍋，外鍋加 1 杯水，
   再加調味料，煮熟即可。

秋·菇

菇類含豐富的黏多醣體，是利用菌絲來吸收水分成長，栽種方式以原木栽種最佳。原木栽種具有濃郁香氣、肉質厚而紮實；太空包栽種則濕度高，肉質軟爛無香菇氣味，且不易保存。宜選菇傘肉厚渾圓，菇傘內側捲起，菌褶白而細膩，菇軸粗大。

曬乾的新鮮香菇味道更甘甜，經汆燙可去除雜味、
澀味及黏液，風味也更鮮甜。

（左）成長在椴木上的一種香菇，吸收太陽光的
光源，日光能量讓香菇口感較為紮實，果肉肥厚。

（右）以太空包方式栽種，成長環境陰暗潮濕，
口感較為軟爛。

花菇
佃煮

花菇屬於椴木式的栽種方式，通常都種植一年才會採收，所以會呈現厚實與龜裂的外形；而夏季採收的花菇呈現較淡白色。

食材

冬菇 15 朵
水 10 杯

調味

濃口醬油 1 杯
味霖 1 杯
砂糖 1 杯
水 15 杯

作法

1. 冬菇洗淨泡軟，泡過冬菇的水一起倒入鍋內。

2. 全部調味料加入（作法 1）的材料一起煮；大火煮滾轉小火慢熬至湯汁濃稠。

秋・菇

涼拌青花筍

冬天綠花椰菜採收後再成長的小株
即是青花筍，未經農藥噴灑。

參 p124〈花菇佃煮〉

食材

青花筍 3~4 支
花菇佃煮 1 朵
木棉豆腐半塊

調味

岩鹽適量
冷壓初榨橄欖油 2 大匙

作法

1. 青花筍去除粗梗部分和莖部削皮，花菇佃煮切成細條狀，木
   棉豆腐切成條狀。

2. 青花筍燙熟瀝乾，加入所有食材和岩鹽適量，淋上橄欖油拌
   勻。

秋・菇

芋香飯

材料

白米 2 杯
芋頭約 40 公克
花菇佃煮 1 朵　參 p124〈花菇佃煮〉
青豆仁適量

調味

味霖 2 匙
薄口醬油 1 小匙
岩鹽適量
水 2 杯

作法

1. 白米洗淨三次瀝乾 30 分鐘。

2. 芋頭切小丁，花菇切小丁，青豆仁汆燙 20 秒撈起泡冰水。

3. 白米、芋頭、花菇加上全部的調味料，加 2 杯水，外鍋加 1.5 杯水，放進電鍋煮熟。

4. 煮熟的飯拌入青豆仁。

秋・山藥

山藥含豐富的植物鹼可中和身體的酸鹼值，它的天然植物性荷爾蒙可增加皮膚光澤，而黏液可保護胃壁。生食口感爽脆；熟食口感鬆軟。日本山藥有野生與栽培兩種品種，是世界上唯一可以生食的芋類，台灣品種山藥則不可生食，適合煮湯。宜選表皮光滑，鬚根多而長，斑點顏色深為佳。

山藥的植物鹼會使皮膚發癢，可以用稀釋的醋擦癢處。

紫蘇
山藥

日本山藥 1/3 條（約 300 公克）

可用紫蘇梅代替

日本紀州梅 3 顆
砂糖 1 杯
岩鹽 1 小匙
蘋果醋半杯
綠色紫蘇葉 10 片

1. 日本山藥去皮切長條狀、紀州梅去籽、綠色紫蘇葉切絲。

2. 所有食材、調味料、日本山藥一起浸泡；置放冰箱冰鎮 2 天入味。

秋·
山藥

韓式
辣山芋

山藥（約15公分）

豆薯 1/4 顆

梨子半顆

韓國辣椒粉 1 大匙

蘋果醋 1 杯

砂糖 1 杯

岩鹽 2 小匙

檸檬汁 2 小匙

1. 山藥、豆薯去皮切塊。

2. 所有調味料和梨子用果汁機攪拌均勻，放入所有食材，浸泡
   24 小時，需冷藏。

秋·
山藥

山蔬
野炊

山藥 1/4 條

竹筍半條

筊白筍 2 條

白蘿蔔 1/5 條

紅蘿蔔 1/5 條

櫛瓜 1/3 條

昆布素高湯 3 杯

味霖 2 大匙

薄口醬油 1 大匙

岩鹽少許

蓮藕粉適量

1. 山藥磨成泥用電鍋蒸熟。

2. 竹筍、筊白筍、白蘿蔔、紅蘿蔔、櫛瓜切滾刀。

3. 昆布素高湯煮滾加入（作法 1）山藥煮熟撈起。

4. 蓮藕粉適量加入少許的水稀釋拌勻。

5. （作法 2）的食材加素高湯，加入味霖、薄口醬油、岩鹽煮沸，再加（作法 4）的蓮藕粉勾芡湯汁。

6. 所有煮熟的食材放入蒸熟的山藥泥擺盤，淋上（作法 5）的勾芡湯汁。

午蒡有特別的香氣，筆直偏深咖啡色較佳。含豐富的膳食纖維、鐵質、碳水化合物。

烹煮時刀法須以滾刀的方式斷其纖維，縱切較易提引出甜味口感，也較易釋放營養。清蒸烹煮較能提午蒡的清甜香氣味。

台灣本土野生香氣重，外表因野放較不筆直，顏色偏淡茶色，切開肉質偏白色；進口的外表偏深咖啡色，切開肉質偏褐色。

午蒡　若芽　溫沙拉

取前段較細的部位

午蒡半條

三色海藻 1 小撮

煮熟薏仁 1 小撮

堅果適量

無調味芝麻醬 2 大匙

砂糖 1.5 匙

味霖 1 大匙

醬油 1 小匙

岩鹽 1 小匙

蘋果醋 1 小匙

味噌 1 大匙

炒過的芝麻適量

開水 2 匙

1. 午蒡切細長滾刀;放入電鍋蒸熟,約蒸 10 分鐘。

2. 三色海藻泡軟。

3. 所有調味料放入果汁機攪拌均勻。

4. (作法 1、2)一起拌均擺盤,淋上(作法 3)的調味料。

秋・午蒡

午蒡飯

白米 2 杯
午蒡 1/4 條

水 2 杯
味霖 2 大匙
薄口醬油 1 小匙
岩鹽少量

1. 午蒡切絲泡水。

2. 白米洗淨三次瀝乾 30 分鐘。

3. 所有食材和調味料放進電鍋煮熟拌勻，外鍋加 1.5 杯水。

秋・
午蒡

午蒡
甘露煮

這道菜又稱三味午蒡，在日本料理中只要出現午蒡、香菇、濃口醬油、味霖組合而出的味道，又稱為醍醐味。

代材

午蒡半條
香菇 2 朵
紅蘿蔔 1/5 條

必須使用新鮮香菇，不可使用乾香菇，原因是會搶走午蒡的味道。

調味

昆布素高湯 5 杯
味霖 2 大匙
濃口醬油 1 大匙
冷壓特級橄欖油少量
七味粉少量
岩鹽少量
砂糖少量

作法

1. 午蒡削皮切滾刀，新鮮香菇切 3 等分，紅蘿蔔削皮切長滾刀。

2. 依序放入全部調味料，煮滾轉中小火至湯汁收乾。

3. 最後淋上冷壓特級橄欖油少量，再灑上七味粉。

冬．大根

白蘿蔔（日本稱為「大根」），是冬季最具代表性的蔬菜，成長期從當年的 11 月到隔年 2 月底。夏天的白蘿蔔非當季，帶有苦味，纖維粗老，常見黑心狀況。以帶泥土的為優先選擇，如果發現白蘿蔔白得很可愛就要格外小心，可能經過漂白水處理過。剛買回家的白蘿蔔先洗淨表面泥土，再將莖葉部分切除，放置冰箱保鮮，為的是要留住白蘿蔔的水分與鮮甜。

白蘿蔔分為兩個部位，從莖葉到中部位（為上方部位），水分多、有甜味，適合煮湯（例如：建長湯、關東煮）；尖尾端到中部位（為下方部位），較有辣味，但酵素最多，適合做泡菜、蘿蔔泥、煮風呂大根或沾醬，也非常適合加入電鍋內與米飯一起烹煮，因為酵素會將米飯的澱粉轉換醣分，使米飯更香甜。

尖　　鈍　　長
形　　尾　　條

二十四節氣的霜降（大約在國曆 10 月）後，採收的白蘿蔔是長條形；入冬（大約在國曆 12 月）後，白蘿蔔則呈是梅花形，宜選擇鈍尾圓形狀；到了交春（大約在國曆 3 月），宜選擇尖尾形白蘿蔔。

冬・大根

建長湯

建長湯是一道能展現食材原味最具特色的精進料理，建長湯將在書中大量使用，當成提味的基底。

建長，由白蘿蔔、紅蘿蔔、午蒡、香菇、豆腐切成片絲狀為基底的食材。由來是日本鎌倉建長寺的一位法師發明的湯品，因為味道特別鮮甜美味也就成為精進料理的基本湯底。

食材

白蘿蔔 1/4
紅蘿蔔 1/6
大白菜 1/6
午蒡 1/3
蓮藕 1 節
番茄 1 顆
芹菜
薑
羅臼昆布約 10cm

調味

水 6 杯
味霖 1 大匙
薄口醬油 1 小匙
岩鹽適量

作法

1. 薑切片，白蘿蔔、紅蘿蔔、蓮藕、午蒡切滾刀，汆燙去雜質，以上食材備用。

2. 水 6 杯、昆布、（作法 1）的食材放入鍋中，大火煮滾後轉小火，不蓋鍋蓋煮約 20 分鐘。

3. 加入大白菜、番茄，小火煮約 10 分鐘。

4. 加入芹菜，蓋上鍋蓋悶 3 分鐘。

5. 大白菜、芹菜、薑撈起，加入調味料。

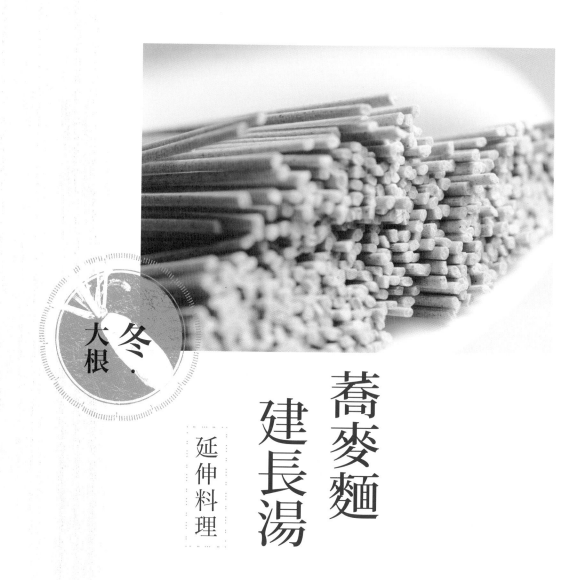

冬・大根

蕎麥麵建長湯

延伸料理

一忙就過了用餐時間，這時冰箱如果有熬煮好的建長湯，加入麵條，就是一道風味絕佳的主食了。

蕎麥麵條的主要原料是蕎麥粉，且是無麩質的麥粉。如果全用蕎麥粉製作，麵條很容易斷掉，所以須加入麵粉和山芋，依照比例用「割」來區分，例如：七割蕎麥麵，是七成蕎麥粉和三成麵粉混合製成。蕎麥含有豐富的芸香苷，可降低血脂肪及預防高血壓。而日本的蕎麥麵會再加入山藥，所以口感更滑嫩。

食材

建長湯湯底 2 杯
芹菜葉
蕎麥麵 1 把
海帶芽適量

調味

鹽 1/2 小匙
味霖 1 大匙
薄口醬油 1 小匙

作法

1. 建長湯和湯裡的材料煮滾，加入備好的調味料，熄火。

2. 海帶芽泡水。

3. 蕎麥麵放入滾水中煮熟撈起，加入（作法 1）的食材。

4. 食用前加入海帶芽、芹菜葉。

芹菜葉可提味，卻又能保留湯頭的原味，不搶味。

昆布雲絲湯

昆布絲含有維生素 B1、B2、鐵質、鈣質、豐富礦物質及褐藻糖膠。褐藻糖膠是海藻的黏滑成分，有助於預防癌症，降低膽固醇，是一道非常適合中老年人補充營養的好食材。

材
料
建長湯底 4 杯
白蘿蔔 1/5
紅蘿蔔 1/5
生香菇 1 朵
嫩薑
芹菜葉適量
昆布絲或昆布約 5 公分

調
味
薄口醬油半杯
味霖 1 杯
鹽適量

作
法
1. 將白蘿蔔、紅蘿蔔、生香菇、嫩薑分別切成片狀。

2. 昆布用料理剪刀剪成絲狀。

3. （作法 1、2）的食材放入建長湯底，煮滾後轉小火，約煮 3
   分鐘。

4. 加入芹菜葉、嫩薑絲。

如有昆布絲，食用前再直接
加入湯品中。

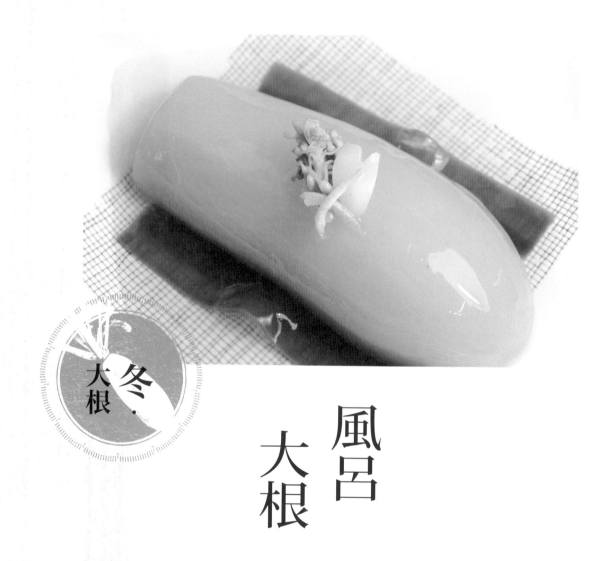

風呂大根

風呂大根的料理是要能在烹煮過程保留白蘿蔔的清甜原味,淋上味噌特別的鹹味,能展現特別的風味。

白蘿蔔約 1 斤重
昆布約 15 公分

建長湯湯底 3 杯
水 2 杯
鹽 1 小匙
味噌適量
薑泥 1 小匙

1. 白蘿蔔去皮,將皮厚厚的切除,整條汆燙 3 分鐘撈起,切成二等分。

2. 建長湯湯底 3 杯、水 2 杯煮滾後關火,當成備用的調味高湯。

3. 白蘿蔔、昆布放入電鍋,加入(作法 2)煮滾的高湯,外鍋加 1.5 杯水。

4. 蒸煮好的白蘿蔔拿出放在盤中,淋上適量的湯汁,加上少許味噌、薑泥。

日式關東煮

冬·大根

這是一道「簡易版」日式關東煮，為了再利用料理建長湯中熬過剩下的蔬菜，所以設計了這道簡易的關東煮。達到食材再利用、珍惜食材。

食材
建長湯裡煮熟的食材撈起
油豆腐 2 塊

百蘿蔔、紅蘿蔔、
干蕁、蓮藕

調味
味噌 3 大匙
水 3 大匙
味霖 1 大匙
辣味噌 1/2 小匙
冰糖 1 大匙

作法
1. 油豆腐汆燙 2 分鐘去油撈起，切 4 等分。

2. 所有調味料放入果汁機攪拌均勻。

3. 建長湯煮熟的所有食材、油豆腐放入盤中擺盤，再淋上（作法 2）的調味料。

大根
豆腐

冬・大根

木棉豆腐 2 塊
大白菜 2 片先汆燙
白蘿蔔 1/6 條先磨成泥

素高湯 5 杯
味霖 3 大匙
薄口醬油 2 大匙
岩鹽少量
砂糖 1 小匙

1. 油豆腐汆燙 2 分鐘去油撈起，切 4 等分。

2. 所有調味料放入（作法 1）的食材及大白菜與白蘿蔔泥熬煮至
   入味。

3. 先將大白菜鋪底再擺上豆腐，淋上醬汁。

味噌野蔬煮

冬・大根

食材

白蘿蔔 1/4 條

紅蘿蔔 1/4 條

午蒡半條

山藥 1/6 條

調味

味噌半杯

素高湯 2 杯

味霖半杯

砂糖 1 大匙

薑汁少量

七味粉少量

作法

1. 白蘿蔔、午蒡削皮切大滾刀,紅蘿蔔削皮切小滾刀,山藥不削皮直接切大滾刀。

2. 放入全部食材,加入素高湯、味霖、砂糖,味噌放在所有食材最上面。開火煮沸轉中小火至湯汁濃稠,再加入薑汁、七味粉,熄火。

冬．番茄

番茄有超級食物的美稱，含豐富的茄紅素、鈣質、礦物質、維生素P。能加速排除身體過多的鈉含量，有助於預防心血管疾病、血管硬化；豐富的茄紅素可防癌，對人體攝護腺有益。番茄熟食比生食好，因為茄紅素加熱時所釋放的茄紅素比生食多出9倍。

黑柿　　黑柿初採收（熟成）　　牛番茄

番茄
冬·

穹六湯

～ 羅宋湯的一種

番茄特別的成分游離麩酸
鈉。當游離麩酸鈉融合入植
物蛋白（雪蓮子）時，會產
生特別的鮮味。

大顆番茄 8 粒
新鮮香菇 3 朵
腰果半杯
雪蓮子 1 小把
九層塔適量
松子適量

調味

水 15 杯
岩鹽 2 大匙
味霖 1/3 杯
砂糖 3 大匙
葡萄醋半杯
橄欖油 2 大匙
白胡椒少量
蘋果半顆
薑 3 片

蘋果當成料
理調味，可
代替醋。

番茄去皮：蒂頭切除，放入滾水
汆燙約 10~20 秒，取出脫皮。

1. 番茄汆燙去皮後切片，香菇切片、薑片、橄欖油拌炒至金黃
   色，加入切片番茄拌勻。再加入水 15 杯、雪蓮子、橄欖油、
   蘋果一起熬煮，大火蓋鍋熬煮約 10 分鐘，轉中火再熬煮約 20
   分鐘至食材熟透。

2. 延續（作法 1）的食材再依序加入岩鹽、砂糖、味霖後熄火，
   降溫後再加入葡萄醋。

3. 食用前灑上九層塔、松子、白胡椒。

〔延申料理〕

穹六湯頭加入筆管麵食用，增加飽足感，即是一道輕食料理。

冬·番茄

櫛瓜番茄
義大利麵

櫛瓜分為黃櫛瓜、
綠櫛瓜

櫛瓜 1/3 條
小番茄 3~4 顆
山藥 1/6 條
新鮮香菇 2 朵
義大利麵 1 把

冷壓橄欖油 1 大匙
素高湯 2 杯
味霖 2 大匙
岩鹽適量
番茄乾 3 片
牛肝菌菇 3~4 片

牛肝菌菇是義大利料理常見的
食材，書中使用牛肝菌菇是想
要在素食的料理有著多層次的
香氣及接近葷食的氣味，在最
天然的食材中找到可以讓葷食
者接受不用肉類就可以烹煮出
想要的味道。它有著特殊的香
氣與甜味；顏色愈深香氣愈濃
郁。

1. 義大利麵放入滾水中約煮 4 分鐘撈起。

2. 櫛瓜、山藥切小滾刀，小番茄切 4 等分，新鮮香菇切 3 等分，
   番茄乾切小丁。

3. 冷油爆香新鮮香菇，依序放入番茄乾、所有食材，放入（作
   法 1）煮熟的義大利麵，加入全部調味料，煮至收乾湯汁。

番茄 冬・番茄

蘑菇番茄
義大利麵

蘑菇 3~4 朵

蘆筍 5~6 條

小番茄 4 顆

新鮮香菇 2 朵

薑片 3 片

冷壓橄欖油 1 大匙

紅甜椒粉是將紅甜椒經由烘乾磨成粉再放入橡木桶，當紅甜椒放入橡木桶約六個月後，自然形成一股天然的香氣，聞起來像煙燻味。

紅甜椒粉 1 大匙

味霖 2 大匙

岩鹽 1 大匙

牛肝菌菇 3~4 片

素高湯 2 大杯

義大利麵 1 把

以這特別的食材出現在這道料理是我曾看過有人用紅色砂糖或甘蔗煙燻食材產生煙燻味，引發我思考如何使用健康又天然的方式，烹煮出有煙燻味的料理，因此想到使用這天然的方式。

1. 義大利麵放入滾水中約煮 4 分鐘撈起。

2. 蘑菇、香菇切成 3 等分；蘆筍、小番茄切成 4 等分；番茄乾切小丁。

3. 冷油爆香蘑菇，依序放入番茄乾、所有食材、（作法 1）煮熟的義大利麵，加入全部調味料煮至收乾湯汁。

冬・番茄

南蠻漬番茄

小番茄 1 斤重（約 20 顆）

蘋果醋 1 杯

砂糖 1 杯

岩鹽 1 小匙

味霖 1/3 杯

開水 3 杯

1. 小番茄汆燙去皮。

2. 所有調味料混和攪拌均勻至砂糖溶解。

3. 番茄和（作法 2）調味料一起浸泡，冷藏 1 天即可。

在日本料理中出現「南蠻」，是指非日本料理的傳統作法，也可說是以外來料理方式呈現日本料理的一種詮釋。

番茄 冬·

燙青花筍

青花筍 6 支

小番茄 4 顆

玉米筍 3 條

堅果少量

昆布佃煮少量（參昆布佃煮）

鹽麴 1 小匙

冷壓初榨橄欖油 1 大匙

米麴、鹽、糯米混合發酵，是日本人在釀酒時所發現的產物之一。在日本的家庭廚房中都會看得到的調味料之一，做為醃漬用。鹽麴與食用鹽的差異在鹹度低、味道溫潤甘醇，因為它能分解蛋白質作用而產生醣化，讓食物產生甘醇味與豐富的層次感。它能調整腸道的健康，是素食調味的聖品。

1. 青花筍切小朵、小番茄切 4 等分、玉米筍切對半、昆布切小丁。

2. 青花筍、小番茄、玉米筍汆燙至熟撈起瀝乾，拌入冷壓初榨橄欖油和鹽麴拌勻，擺盤。

3. 灑上堅果。

冬・番茄

番茄豆腐佐油醋醬

高山番茄，偏酸

平地番茄

食材

牛番茄 2 顆
木棉豆腐 1 塊

調味

初榨冷壓橄欖油 2 大匙
巴沙米可醋 1 大匙
岩鹽適量
九層塔適量
帕瑪森起司粉

作法

1. 牛番茄汆燙去皮、木棉豆腐各切成 4 等分，九層打切碎。

2. 全部食材與調味料拌勻。

食材的保存

　　每天吃下的青菜、水果等，真正能獲得的營養有多少？

　　事實上，從採收之後食材的營養素就不斷在流失，因此如何保存食材將營養素的流失減到最低，身體得到最多的營養，是值得重視的問題。

　　確保處理食材的方式著重在清洗和保鮮的過程，除了保留更多營養素，還可以節省重複處理的時間，改善廚房的環境和冰箱的放置方式。有了整潔的空間，要做出健康的料理就更便捷了。

我累積多年的經驗，提供以下四個減少食物營養流失方法：

1. 採買後要儘快食用

存放一週的食材和新鮮的食材做比較，存放一週的食材中維生素會損失 30% 以上，如果是水果存放一個月則損失至少 50%。肉類所含的蛋白質易氧化，反而對人體有害，所以要減少存放時間，儘快食用。

2. 先洗後切

改變先切後洗的習慣，才能保留食物更多的營養素。尤其是維生素 B、C 等水溶性維生素及硒等礦物質，都會溶解在水中而流失，所以蔬果最好「先洗後切」，可將蔬果表面的農藥、抗生素、荷爾蒙化學添加物徹底洗淨，飲食少負擔。

3. 以有蓋的不透明容器保存

維生素 C、B2、E、K、葉酸等營養素遇到熱和光都容易造成營養流失，所以食材最好存放在有蓋的不透明容器中，然後再放入冰箱，較不會產生異味，以及破壞食物的鮮度。

4. 分層管理冰箱

可在保存的容器上標示日期，以「先進先出」的原則分層置放，才能保有食材新鮮度。

應時而食

在餐桌上以當季蔬果為主，非當季食材為配角。

在上課中，許多學生常常問：「老師，上菜市場或超市買菜，不知道哪一種菜是當季，哪一種菜不是這個季節的？」

許多學生分享買菜的經驗，在菜攤前不知如何採買，呆站許久。最後都是選擇豆芽菜、高麗菜、紅蘿蔔，再隨意抓一把綠色蔬菜，就當交差。

因此，我整理出以下「台灣四季蔬果」資料，提供給有相同困擾的讀者，做為挑選蔬果的參考！

再次強調，餐桌上當季蔬果應占約七成比例，其餘非當季食材為配角，約占三成比例。加上富含優質植物蛋白和膳食纖維的種

子、雜糧以增加飽足感。還要記得搭配海底植物，如昆布、海帶芽，以及堅果，如腰果、胡桃。

　　只要餐桌一星期有一半以上的天數，出現上述的食材，身體就會慢慢改變，請讀者細細感受自己身體的變化。

春季／水果
二月～四月

枇杷
香蕉
蓮霧
李子
桃子

春季／蔬菜
二月～四月

紅蘿蔔
甜椒
青椒
敏豆

全年性蔬菜

地瓜
毛豆
花生
劍竹筍
綠竹筍
桂竹筍
麻竹筍
豆芽
玉米
馬鈴薯

秋季／蔬菜
八月～十月

金針
辣椒
芋頭
蓮子
紅鳳菜
薑
皇帝豆
南瓜
菱角
午蒡
蓮藕

夏季／水果
五月～七月

西瓜
芒果
香瓜
葡萄
火龍果
無花果
百香果
鳳梨
荔枝
龍眼
檸檬

夏季／蔬菜
五月～七月

山蕨
山蘇
佛手瓜
九層塔
冬瓜
茄子
菜豆
蘆筍
龍鬚菜
瓠仔
空心菜
小黃瓜
絲瓜
苦瓜
秋葵
筊白筍

柳橙
葡萄柚
棗子
蘋果
橘子
草莓
番石榴
甘蔗

冬季／水果
十一月～一月

高麗菜
萵苣
芥藍菜
油菜
花菜
大白菜
豌豆
番茄
大蒜
山藥
茼蒿
芥菜
白蘿蔔
波菜
荸薺
芹菜
芫荽

冬季／蔬菜
十一月～一月

水蜜桃
木瓜
柿子
酪梨
釋迦
柚子
梨子
楊桃

秋季／水果
八月～十月

183

作　　　者　　王俊欽

主　　　編　　賴瀅如
編　　　輯　　田美玲
美 術 編 輯　　林紫婕
封 面 設 計　　林紫婕

攝　　　影　　楊祖宏

出版・發行　　香海文化事業有限公司
發　行　人　　慈容法師
執　行　長　　妙蘊法師

地　　　址　　241 新北市三重區三和路三段 117 號 6 樓
　　　　　　　110 臺北市信義區松隆路 327 號 9 樓
電　　　話　　（02）2971-6868
傳　　　真　　（02）2971-6577
香海悅讀網　　www.gandha.com.tw
電 子 信 箱　　gandha@gandha.com.tw
劃 撥 帳 號　　19110467
戶　　　名　　香海文化事業有限公司

總 經 銷　　時報文化出版企業股份有限公司
地　　　址　　333 桃園縣龜山鄉萬壽路二段 351 號
電　　　話　　（02）2306-6842
法 律 顧 問　　舒建中、毛英富
登 記 證　　局版北市業字第 1107 號

定　　　價　　新臺幣 280 元
出　　　版　　2017 年 5 月初版一刷　　2020 年 9 月初版五刷
Ｉ Ｓ Ｂ Ｎ　　978-986-93112-6-7

建 議 分 類　　食譜｜日本料理｜健康飲食

國家圖書館出版品預行編目（CIP）資料

自慢 日本素料理／王俊欽作 .
-- 初版 .-- 新北市：香海文化，2017.05
ISBN 978-986-93112-6-7（平裝）

1. 素食食譜 2. 日本

42731　　　　　　　　　　106005729